百变蜜罐甜点

HONEY JAR SWEETS

大妮儿妮儿 著

辽宁科学技术出版社
·沈 阳·

推荐序
Recommend

　　跟大妮儿相识是在她的店里。一天傍晚，我在南锣鼓巷逛街，偶然看到一家招牌很特别的小店。一个大红桃心的标识，里面写着"3A07"，中文是"逆爱"，我在好奇心的驱使下进去点了几样，竟然各个惊艳。更没想到的是，给我推荐甜品的美女就是大妮儿！北京孩子互相一见，就爱聊天。原来店名是把英文"LOVE"上下左右倒过来，所以是逆爱……

　　自此之后，我们便成为经常在一起玩耍的朋友，转眼间就到了现在。很多人都说甜品是可以给人带来幸福并忘记烦恼的食物。就是在 7 年前偶遇大妮儿的店，第一次品尝到她做的甜品后，自己是个胖子的这个烦恼，这些年我已经忘得干干净净了……

悄悄走进生活的梦想

大部分女孩儿时都有一个开甜甜的蛋糕店的梦想，我也未能落俗。

10 年前，一间充满爱和梦想的小店在当时小资氛围浓烈的南锣鼓巷悄悄地开了起来。店的名字是我老公取的，"3A07 逆爱"，"3A07"就是上下左右颠倒的"LOVE"，我们希望每一个爱人的人，都能从爱的人那里得到逆向爱的回报，我爱你，你也爱我。直到今天，逆爱已经 10 岁了，这 10 年间我们为很多名人提供过甜点服务，包括赵宝刚导演、张艺谋导演的爱女、李易峰、巴图、沙溢、秦岚等，也接受过很多采访，还荣幸地成为了 CCTV9 的一档南锣鼓巷纪录片中的主角。而其中最让我们感动的却是，平凡如你我的客人，有的是上学时就开始光顾，到今天带着宝宝来吃蛋糕，并且告诉宝宝"这可是妈妈从没有你的时候就吃的美味蛋糕哟"；有的从初中时来，总在二楼吃蛋糕写作业，到今天出国去念了研究生，每次回来依旧要选择"逆爱"；还有在店里相恋、求婚并且现在已生儿育女的一对对爱人……每当压力大和辛苦的时候，想要放弃的时候，总会有这些让人心里一热，眼眶湿润的老客人的肯定和鼓励让我们继续下去。我也从来没有想到过一个小小的甜品店能给人带来这么多幸福。

接触烘焙这么多年，发现其实并不是所有的东西、原材料都是进口的好，就像新良面粉，品种丰富，烘焙和平时家里做饭都有相应的产品，性价比还高，尤其黑金蛋糕粉，用过以后真的就不再用别的了，蛋糕组织特别细腻，而且国外烘焙大师都特别喜欢。还有酷新怡的模具，价格低，颜值高，质量和手感赶超国外。这些国产良心品牌方便了我们的生活，也给自己的爱好增加了更多的乐趣。

我们一直以来也致力于研发原创甜品，本书中的蜜罐甜品，就是内地第一家开始做的，其中"提拉米苏蜜罐——不眠夜"就是我们的原创理念的最佳体现：从甜品解构主义而得来的，把经典蛋糕的元素和口味拆分出来，改变质地和样子重新组合。这款甜品也是我获得全国烘焙料理大赛的冠军作品。本书中我融入了很多甜品种类的制作方法，我希望让大家在一本书中能学到尽可能多的甜点种类的制作方法，能够举一反三，把它们运用到别的形式的甜点上，而不拘泥于形式。

希望蜜罐甜品成为爱的纽带，把自己的爱和快乐带给更多的人。

逆爱你所

2019 年 4 月

小红书：606611896

目 录
Contents

Part 1　原料与工具
Part 2　玻璃罐的选择

Part 3　创意魔法蜜罐蛋糕

15　提拉米苏
17　宇治金时
19　南非红宝石路易保斯
21　香蜜番薯
23　黑巧克力焦糖
25　栗子蒙布朗
27　金枕榴莲
29　椰林飘香
31　红豆鲜奶麻薯
33　香蕉牛奶巧克力

Part 4　经典口味蜜罐蛋糕

37　草莓软绵绵蛋糕
39　三倍巧克力蛋糕
41　黑糖豆乳蛋糕
43　焦糖奶酥苹果蛋糕
45　花生石板路蛋糕
47　玫瑰开心果蛋糕
49　小粉桃蛋糕
51　杏桃柠檬蛋糕

Part 5　奶酪与慕斯蜜罐

55　白桃养乐多奶酪
57　浓厚纽约奶酪
59　抹茶覆盆子慕斯
61　香橙白巧克力慕斯
63　火焰香蕉焦糖奶酪
65　芒果生奶酪
67　圣诞森林浆果生奶酪
69　枫糖山核桃奶酪
71　北海道双层奶酪
73　巧克力伯爵慕斯

Part 6　果冻与布丁蜜罐

77　葡萄柚意式奶冻
79　抹茶草莓布丁
81　法式焦糖奶油布蕾
83　黑芝麻布丁
85　椰香西米布丁
87　浓郁巧克力布丁
89　荔枝茉莉花茶布丁
91　杏仁豆腐
93　芒果牛奶双色果冻
95　卡布奇诺双层布丁

Part 7　快手饼干叠叠蜜罐

99　红丝绒酥饼
101　坚果巧克力酥饼
103　黑森林
105　爱尔兰咖啡玛奇朵
107　柠檬百香果

Part 9　怪兽甜点 + 蜜罐饮品

123　森林莓果奶昔
125　香蕉奥利奥奶昔
127　水果旁趣
129　疯狂巧克力

Part 8　咸味轻食潘多拉蜜罐

111　恺撒大帝潘多拉
113　鲜虾牛油果藜麦潘多拉
115　创新潘多拉
117　日式家宴潘多拉
119　墨西哥玉米片潘多拉

Part 10　免搅拌机意式冰淇淋蛋糕蜜罐

133　意式浓缩咖啡冰淇淋蛋糕
135　巧克力莓子冰淇淋蛋糕

Part 1

原料与工具

一、乳制品

奶油奶酪	淡奶油	黄油	马斯卡彭奶酪
由鲜牛奶加鲜奶油制成的一种鲜奶油奶酪,传统生产方法以细菌发酵而成。口味清淡,质地细腻柔软,是制作奶酪蛋糕的主要原料。	由天然牛奶制成,乳脂肪通常在33%以上,使用乳脂肪含量为40%的淡奶油制作甜点最佳。切忌使用原料中含有植物油的植脂奶油。	分有盐和无盐黄油,无盐黄油又分发酵黄油和无水黄油,本书中使用的为法国有机发酵无盐黄油,发酵黄油是在黄油的制作当中加入菌种发酵而来的。发酵黄油不仅味道更加香浓,制作出的成品保质期也会相对长一些。	来自意大利,由稀奶油和柠檬汁或者柠檬酸混合而成,制作过程中并没有经过发酵和凝乳。所以其实它并不算真正的奶酪,更像凝固的淡奶油,软滑又富含丰富的乳脂,是制作提拉米苏最重要的原料。

二、巧克力

烘焙最常用的原料,建议使用烘焙专用巧克力,推荐性价比较高的"嘉利宝"或者"贝可拉"牌巧克力。

黑巧克力	白巧克力	牛奶巧克力
通常烘焙用黑巧克力的可可脂含量在56%以上,本书中使用的是可可脂含量为70%的黑巧克力。	富含牛奶风味,没有苦味的白色巧克力,本书中使用的是可可脂含量为32%的白巧克力。	因为加入了牛奶,所以没有那么苦,是口味温和顺滑的巧克力,本书中使用的是可可脂含量为34%的牛奶巧克力。

香草精、麦芽糖浆、柠檬汁

香草精是由天然香草提炼出来的香料，在西点制作中起到去腥增香的作用，分为含香草籽和不含香草籽的香草精，本书中用到的为含香草籽的天然香草精。

麦芽糖浆与玉米糖浆都是以麦芽糖为主的糖浆，质地清亮透明，口感温和、甜度低，可以降低糕点的甜度，增加蛋糕的湿润度。柠檬汁是由柠檬榨取所得的浓缩汁，可以调节酸碱度，为蛋糕去腥增添香味，增加蛋白的稳定性。

制作饼底的市售饼干

制作书中的乳酪蛋糕饼底所需要的市售饼干，也是制作乳酪蛋糕常用的几种饼干，有奥利奥碎、和情焦糖饼干、椰子饼干等牛奶饼干等。

木薯淀粉、玉米淀粉

木薯淀粉是由木薯经过淀粉提取后脱水干燥而成的，本书中用于制作"鲜奶麻薯"。玉米淀粉又叫粟粉，通常在蛋糕制作中起到降低面粉筋度的作用，玉米淀粉加热后有一定黏性，也有让蛋糕增加黏度、不容易裂开的作用。还有就是用于做一些甜点酱、馅料，可以增加黏稠度。

吉利丁片、吉利丁粉（鱼胶片、鱼胶粉）

制作慕斯、布丁不可或缺的凝固原料，吉利丁片冷水泡软使用，吉利丁粉用冷水溶解泡胀使用。

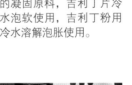

低筋面粉、中筋面粉

低筋面粉的蛋白质含量在8.5%左右，中筋面粉除了用于做中式面点以外，在西点里也会用到，通常是做曲奇的主要原料，蛋白质含量在11%左右。

细砂糖、糖粉（糖霜）

制作蛋糕时大多使用烘焙细砂糖，制作甜点酱、奶油以及表面装饰时则多选用糖粉。

泡打粉

泡打粉是小苏打添加酸性材料并以玉米粉为填充剂制作成的白色粉末，遇水可以产生二氧化碳，所以多用于西点、蛋糕等制作，达到膨松、松软的效果。

可可粉

不含糖的纯可可粉是由可可豆经过发酵、去皮等工序制成可可豆碎片，再粉碎而得到的粉末，可可粉按脂肪含量分为高、中、低脂可可粉。本书中使用的是法芙娜可可粉，具有浓烈的可可香气。

巧克力酱、花生酱、椰浆、炼乳

本书中会用到花生酱、榛子巧克力酱、椰浆和炼乳等市售烘焙与食品原料作为调味剂，推荐图片中的品牌，天然好味。

果酱

市售果酱既方便，味道也好，推荐比较天然的英雄和丘比两个品牌，性价比很高。

抹茶粉

是蒸青绿茶经过天然石磨碾磨成的粉状茶，颜色鲜绿，味道微苦而回甘，好的抹茶粉有微微的海苔味道。

利口酒

西点制作中会用到很多种利口酒，常用的有白朗姆、黑朗姆、甘露咖啡利口酒、百利甜及波士果味系列酒，酒精可以作为甜品的天然保鲜剂，也可以在去除蛋腥味的同时为甜品增加特殊的香气。

水果

制作水果甜品时除了果酱和烘焙成品果蓉外，有些浆果类的甜品可以使用新鲜的、颜色好看且味道清新的水果，这些水果大多也作为甜品装饰使用，现在进口超市也有冷冻浆果售卖，在没有新鲜浆果的季节也不用担心买不到。

四、茶

本书中有很多甜点是加入了茶元素的，例如伯爵茶、茉莉花茶等，还有时下流行的素有南非红宝石之称的路易保斯茶，推荐使用茶包来制作。

基础的烘焙工具必不可少。

料理盆、锅

混合材料、打发蛋白、隔水加热、熬酱等都需要。建议选择导热效果好的不锈钢或者搪瓷产品。

烘焙小碗

用于材料的称量以及调和小份食材。

圆形饼干模

用于切割蛋糕片。

烤盘、擀面杖

用于制作小蛋糕以及饼干等。

电子秤

烘焙用品当中必不可少的工具，建议购买称量最大重量5kg或10kg的，最小单位为0.1g的电子秤，称量较为准确。

电动打蛋器

用于蛋白、黄油、奶油等材料的打发，最好选择功率大的。

喷枪

用于烧制脆糖壳、甜点脱模等，使用方便。

粉筛

有手柄的大粉筛用于粉类食材的过筛，小粉筛用于蛋糕表面装饰筛粉使用。

花嘴、裱花袋

用于罐子甜点组合时挤酱，可以选择不同样子的花嘴，可以干净利落地做出甜点层与层之间均匀的效果。

量杯、量勺

用于称量液体食材以及少量的材料，对于称量需要毫升等称量单位的材料最为好用，同时也可作为混合材料的容器和搅拌工具来使用。

刮板

可以切割翻拌面团、整理裱花袋中的原料，超级好用。

硅胶刮刀
抹刀、蛋抽

搅拌、翻拌、盛出面糊时的必备工具，耐热性好，制作熬煮类甜点时也可以使用。

铲刀、冰淇淋勺

铲切巧克力、坚果等都很好用的小铲刀以及制作冰点必不可少的冰淇淋勺。冰淇淋勺因为是不锈钢头，使用时先在热水里泡一下，就可以挖取出顺滑圆滚的冰淇淋球了。

剪刀

用于裱花袋、原料包装的剪口和蛋糕片形状的修整。

Part 2

玻璃罐的选择

玻璃罐有许多大小、形状各异的款式，可以按照自己的喜好和需要做的甜品来选择合适的玻璃罐。需要进烤箱烤制的玻璃罐一定要选择耐高温的。玻璃罐使用时切忌急冷急热。

"Ball"

美国著名的梅森杯品牌，罐身有好看的花纹设计，瓶盖为马口铁分体盖，可以更好地密封和打开，不耐高温，适合做布丁等不需要烤制的甜品。

"WECK"

德国品牌，是我实际使用之后最中意的玻璃罐，不管是形状、大小还是品质都非常卓越，瓶盖也是加厚玻璃，配有密封圈和不锈钢卡扣，可以达到完全密封的效果。而且耐高温，可以完全放心地放进烤箱去烤。

"Kilner"

英国品牌，形状多种多样，该品牌大多是大罐子（容量大），适合做沙拉、果酱等。

国产

性价比很高的国产耐高温玻璃罐，有大、中、小号，瓶身光滑没有任何花纹，适合自己装饰、送人及成品售卖，是简单版的梅森瓶。有一体盖和分体盖两种盖子以及金、银两种颜色。

玻璃罐的消毒

玻璃罐在使用前要先放入水中煮沸消毒，然后让其自然冷却干燥。玻璃盖可以一起煮，马口铁盖则需要在沸水中稍微烫一下就立刻取出擦干，否则很容易生锈。

1. 在锅内垫一块干净的布，放入冷水及玻璃罐，水要没过玻璃罐，开大火煮沸后转小火煮5分钟即可。

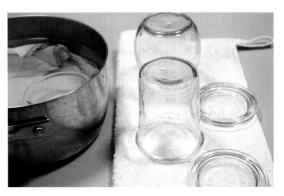

2. 煮好后的玻璃罐和玻璃盖倒扣在干净的干布上冷却干燥。

Part 3

创意魔法蜜罐蛋糕

提拉米苏

拆解与重组，经典甜品的回春之作

A 咖啡魔法蛋糕

原料

鸡蛋 2 个

细砂糖 75g

黄油 65g

低筋面粉 58g

速溶咖啡粉 10g

热水 40ml

牛奶 200ml

盐 少许

准备工作：烤箱预热 150℃，牛奶微波加热到 30℃左右，咖啡粉加热水溶解成咖啡液备用。

B 咖啡冻

原料

水 400ml+2 大勺

速溶咖啡粉 10g

细砂糖 40g

吉利丁粉 8g

C 咖啡酒奶油

原料

淡奶油 200g

糖 10g

咖啡酒 10ml

D 顶层饼干屑

奥利奥碎或焦糖饼干 适量

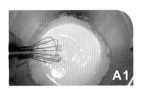

A1

蛋黄和蛋白分开，蛋黄加细砂糖搅打至发白。

A2

蛋黄中加入熔化的黄油搅匀。

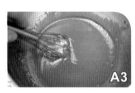

A3

倒入事先准备好的咖啡液搅匀。

A5

分次加入牛奶搅拌至无颗粒。

A4

加入过筛的低筋面粉搅匀。

A6

蛋白加盐打至硬性发泡，分次加入到蛋黄糊中，轻轻搅拌，不要混匀，最后一次蛋白加入后要有大块蛋白漂浮在面糊上。

A7

把面糊倒进玻璃罐，1/3 满。

A8

烤箱 150℃，中下层烤 25～30 分钟，依个人烤箱而定。烤好后冷却备用。

B1

吉利丁粉加 2 大勺水泡发。

B2

400ml 水烧开后加入速溶咖啡粉和细砂糖搅匀。

B3

加入泡发的吉利丁粉，搅匀至溶化，微沸后关火过滤到保鲜盒里，放凉后冷藏凝固。

C

淡奶油加糖打至八分发，加入咖啡酒打匀。

D

将焦糖饼干擀碎成屑。

将咖啡冻切成小方丁，在烤好的蛋糕上铺一层咖啡冻，再挤上一层咖啡酒奶油，最后把饼干屑铺在上面。

Part 3
宇治金时
红豆与抹茶，甜蜜与苦涩的经典组合

A 宇治抹茶魔法蛋糕

原料
鸡蛋 2 个
细砂糖 70g
黄油 60g
低筋面粉 50g
抹茶粉 5g
牛奶 250ml
盐 少许

准备工作: 烤箱预热 150℃，低筋面粉和抹茶粉混合过筛备用。

B 香缇奶油

原料
淡奶油 150g
细砂糖 15g

C 装饰

蜜红豆 适量
抹茶粉 适量

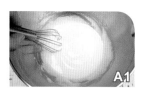

蛋黄和蛋白分开，蛋黄加细砂糖搅打至发白，加入熔化的黄油搅匀。

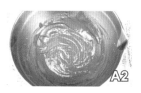

在蛋黄中加入过筛的低筋面粉和抹茶粉搅匀。

分次加入牛奶搅拌至无颗粒。

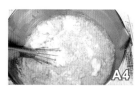

蛋白加盐打至硬性发泡，分次加入到蛋黄糊中，轻轻搅拌，不要混匀，最后一次蛋白加入后要有大块蛋白漂浮在面糊上。

把面糊倒进玻璃罐，1/2满。

烤箱 150 ℃，中下层烤25 ~ 30 分钟，依个人烤箱而定。

淡奶油加细砂糖打至八分发。

在烤好并凉凉的抹茶蜜罐里先挤一层香缇奶油，然后铺上一层蜜红豆，再挤上一层香缇奶油，最后筛入抹茶粉，放少许蜜红豆装饰即可。

Part 3
南非红宝石路易保斯
来自南非红宝石般的闪耀口味

A 路易保斯茶魔法蛋糕

原料

鸡蛋 2 个

细砂糖 70g

低筋面粉 50g

无盐黄油 60g

路易保斯茶包 2 个

牛奶 250ml（260g）

盐 少许

准备工作：烤箱预热 150℃，
无盐黄油微波熔化。

B 香橙奶酪酱

原料

奶油奶酪 100g

无盐黄油 30g

糖粉 40g

淡奶油 20g

橙汁 半个橙子的量

橙皮屑 半个橙子的量

香草精 2 滴

C 装饰

橙子 适量

橙子果肉 适量

薄荷 适量

牛奶和茶包放入锅中，煮至微沸，关火放在一旁凉至皮肤温度备用。

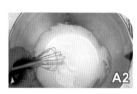

蛋黄和蛋白分开，蛋黄加细砂糖搅打至发白，加入熔化的黄油搅匀。

滤除凉好的牛奶中的茶包。

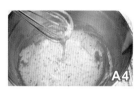

加入过筛的低筋面粉搅匀。加入 A3 中滤除的其中一包的茶叶末，混合均匀。

分次加入牛奶搅匀至无颗粒。

蛋白加盐打至硬性发泡，分次加入到蛋黄糊中，轻轻搅拌，不要混匀，最后一次蛋白加入后要有大块蛋白漂浮在面糊上。

用勺子把面糊倒进玻璃罐，1/3 满。烤箱 150℃，中下层烤 25～30 分钟，依个人烤箱而定。

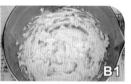

奶油奶酪和无盐黄油常温软化，混合搅拌均匀至柔软蓬松无颗粒。

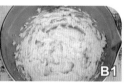

加入糖粉搅拌均匀，搅至蓬松的鹅毛状。

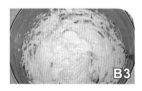

加入淡奶油搅拌均匀。

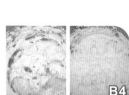

加入橙汁、橙皮屑和香草精搅拌均匀即可。

在做好的路易保斯魔法蛋糕上挤一层香橙奶酪酱，放一层橙子果肉，表面撒橙皮屑，用橙子果肉和薄荷装饰即可。

Part 3
香蜜番薯
质朴的味道，宛若儿时回忆中的香甜

A 番薯魔法蛋糕

原料

鸡蛋 2 个

细砂糖 70g

无盐黄油 63g

低筋面粉 58g

牛奶 260ml

烤番薯泥 100g

盐 少许

准备工作： 烤箱预热 150℃。

B 蜂蜜奶油

原料

淡奶油 150g

细砂糖 10g

蜂蜜 10g

C 装饰

烤番薯块 适量

黑糖 适量

番薯切成小正方形块，用锡纸包好，烤箱 180℃烤 15 分钟。

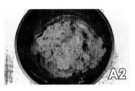

烤好后取 100g 碾成泥，剩下的备用。

蛋黄和蛋白分开，蛋黄加细砂糖搅打至发白。

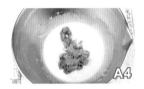

蛋黄中加入熔化的黄油搅匀，再加入烤番薯泥搅匀。

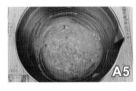

蛋黄糊中加入过筛的低筋面粉搅匀。

蛋黄糊中分次加入牛奶搅匀至无颗粒。

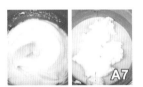

蛋白加盐打至硬性发泡，分次加入到蛋黄糊中，轻轻搅拌，不要混匀，最后一次蛋白加入后要有大块蛋白漂浮在面糊上。

把面糊倒进玻璃罐，1/3 满。

烤箱 150 ℃，中下层烤 25 ~ 30 分钟，依个人烤箱而定。烤好后冷却备用。

淡奶油加细砂糖打至八分发。

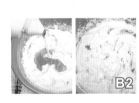

加入蜂蜜搅拌均匀。

按自己喜欢的层次挤入蜂蜜奶油，放入烤好的番薯块，最后撒上黑糖即可。

Part 3
黑巧克力焦糖
苦甜参半的味道，就像人生

A 焦糖酱

原料
细砂糖 100g
淡奶油 100ml
黄油 30g
盐 少许

B 魔法蛋糕

原料
鸡蛋 2 个
黄油 63g
细砂糖 75g
低筋面粉 58g
可可粉 10g
牛奶 260ml
焦糖酱 80g
盐 少许

准备工作：烤箱预热 150℃，牛奶微波加热到 30℃左右，低筋面粉和可可粉混合过筛备用。

C 香缇奶油

原料
淡奶油 150g
细砂糖 15g

D 装饰

市售牛奶饼干碎 适量
巧克力豆 适量
市售焦糖脆片 适量
焦糖酱 少许

平底锅中放细砂糖，中火熬至深棕色。

缓慢加入淡奶油搅匀。

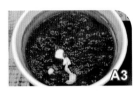
加入黄油和盐搅匀至无颗粒。

凉凉，放在耐热玻璃罐里储存。

蛋黄和蛋白分开，蛋黄加细砂糖搅打至发白，加入熔化的黄油搅匀。

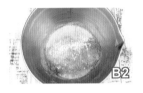
在 B2 中加入过筛的低筋面粉和可可粉搅匀。

在 B2 中加入 80g 焦糖酱搅拌均匀。

在 B3 中分次加入牛奶搅匀至无颗粒。

蛋白加盐打至硬性发泡，分次加入到蛋黄糊中，轻轻搅拌，不要混匀，最后一次蛋白加入后要有大块蛋白漂浮在面糊上。

把面糊倒进玻璃罐，1/3 满。烤箱 150℃，中下层烤 25～30 分钟，依个人烤箱而定。

淡奶油加细砂糖打至八分发。

在做好的黑巧克力焦糖魔法蛋糕上挤一层香缇奶油，铺上一层牛奶饼干碎，再挤一层香缇奶油，撒上焦糖脆片、巧克力豆，淋上少许焦糖酱即可。

Part 3
栗子蒙布朗
秋天的味道，让栗子告诉你

A 栗子魔法蛋糕

原料

鸡蛋 2 个

细砂糖 50g

无盐黄油 63g

市售无糖栗子泥 20g

低筋面粉 58g

牛奶 250ml

盐 少许

准备工作：烤箱预热 150℃，
牛奶微波加热到 30℃左右。

B 栗子奶油

原料

淡奶油 100g

细砂糖 10g

栗子泥 50g

C 装饰

市售糖渍栗子 适量

香缇奶油 适量

蛋黄和蛋白分开，蛋黄加细砂糖打至发白。

蛋黄中加入熔化的无盐黄油搅匀。

在 A2 中加入无糖栗子泥搅拌均匀。

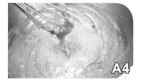

在 A3 中加入过筛的低筋面粉搅匀。

在 A4 中分次加入牛奶搅匀至无颗粒。

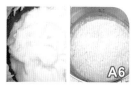

蛋白加盐打至硬性发泡，分次加入到蛋黄糊中，轻轻搅拌，不要混匀，最后一次蛋白加入后要有大块蛋白漂浮在面糊上。

把面糊倒进玻璃罐，2/3满。烤箱 150℃，中下层烤25 ~ 30 分钟，依个人烤箱而定。烤好后凉凉备用。

淡奶油加细砂糖打至八分发，加入栗子泥搅拌均匀。

装入带有蒙布朗花嘴的裱花袋中备用。

在做好的栗子魔法蛋糕上挤一层香缇奶油，再挤上栗子奶油，一圈一圈密一些，像小山峰一样，最后点缀糖渍栗子即可。

Part 3
金枕榴莲
让榴莲的味道，人人都可以接受

A 榴莲魔法蛋糕

原料

无盐黄油 63g

鸡蛋 2 个

细砂糖 75g

低筋面粉 58g

椰浆 50ml

牛奶 225ml

盐 少许

榴莲肉 100g

准备工作：黄油熔化，低筋面粉过筛备用。

B 椰奶冻

原料

椰浆 150ml

牛奶 250ml

细砂糖 30g

椰蓉 10g

吉利丁粉 8g

水 2 大勺

C 装饰

香缇奶油 适量

烤椰子片 适量

榴莲肉 适量

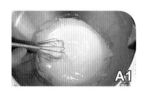

A1 / A2

蛋黄和蛋白分开，蛋黄中加细砂糖搅拌至发白。

加入熔化的黄油和榴莲肉搅拌均匀。

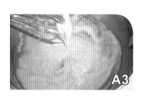

A3

加入过筛的低筋面粉搅拌均匀。

A4

分次加入椰浆和牛奶，边倒边搅拌均匀。

A5

蛋白加盐打至硬性发泡，分次加入到蛋黄糊中，轻轻搅拌，不要混匀，最后一次蛋白加入后要有大块蛋白漂浮在面糊上。

A6

把面糊倒进玻璃罐中，1/2满。放进 150℃ 的烤箱中烤 25~30 分钟即可，烤好后冷却备用。

B1

吉利丁粉中加入 2 大勺水搅拌均匀，泡胀备用。

B2

椰浆、牛奶和细砂糖放入锅中，搅拌均匀至细砂糖溶化。

B3

加入椰蓉搅拌均匀。

B4

加入泡胀的吉利丁粉搅拌均匀至吉利丁粉溶化，煮至微沸后关火。

B5

将做好的椰奶冻倒入容器中，盖上保鲜膜，冷藏 2 小时以上至凝固。

C

将做好的椰奶冻切成小丁，铺在烤好的榴莲魔法蛋糕上，然后挤上一层香缇奶油，在奶油上放少许榴莲肉，撒上烤椰子片即可。

Part 3
椰林飘香
东南亚的海风都是菠萝和椰子的香气

A 椰子菠萝魔法蛋糕

原料

鸡蛋 2 个
细砂糖 65g
无盐黄油 63g
椰浆 50ml
椰蓉 15g
牛奶 200ml
低筋面粉 58g
菠萝块罐头 40g
盐 少许

准备工作：烤箱预热 150℃，牛奶微波加热到 30℃左右。

B 椰子酸奶奶油

原料

淡奶油 150g
细砂糖 10g
椰浆 20g
凝固型酸奶 20g

C 装饰

市售菠萝块罐头 适量
市售烤椰子片 适量
鲜薄荷 适量

蛋黄和蛋白分开，蛋黄加细砂糖搅打至发白。

蛋黄加入熔化的无盐黄油搅匀。

在 A2 中加入过筛的低筋面粉搅匀。

在 A3 中加入椰浆搅拌均匀。

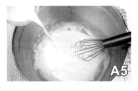

在 A4 中加入椰蓉拌匀。

蛋黄糊加入牛奶搅拌均匀，放在一边待用。

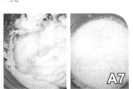

蛋白加盐打至硬性发泡，分次加入到蛋黄糊中，轻轻搅拌，不要混匀，最后一次蛋白加入后要有大块蛋白漂浮在面糊上。

玻璃罐里放入两三块菠萝块罐头。

把面糊倒进玻璃罐，1/3满。烤箱150℃，中下层烤25～30分钟，依个人烤箱而定。烤好后凉凉备用。

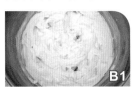

淡奶油加细砂糖打至八分发。

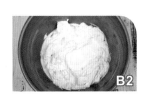

加入椰浆和酸奶搅拌均匀，将做好的椰子酸奶奶油装入裱花袋中备用。

在做好的椰子菠萝魔法蛋糕上先挤一层椰子酸奶奶油，在椰子酸奶奶油上铺上一层菠萝块罐头，再挤一层椰子酸奶奶油，上面铺满烤椰子片，点缀菠萝块罐头和鲜薄荷。

红豆鲜奶麻薯

拉丝软糯的浓厚台味，就是一顶一的好味

A 红豆魔法蛋糕

原料

鸡蛋 2 个
细砂糖 50g
无盐黄油 63g
低筋面粉 58g
红豆馅 100g
牛奶 230ml
蜜红豆 30g
盐 少许

准备工作： 烤箱预热 150℃，牛奶微波加热到 30℃左右。

B 鲜奶麻薯

原料

牛奶 220ml
木薯淀粉 18g
细砂糖 20g

C 装饰

香缇奶油 适量
蜜红豆 适量

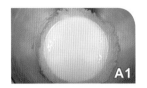
蛋黄和蛋白分开，蛋黄中加细砂糖搅打至发白。

蛋黄中加入熔化的无盐黄油搅匀。

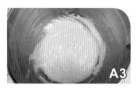
在 A2 中加入过筛的低筋面粉搅匀。

再加入红豆馅搅拌均匀。

蛋黄糊分次加入牛奶搅匀至无颗粒。

蛋白加盐打至硬性发泡，分次加入到蛋黄糊中，轻轻搅拌，不要混匀，最后一次蛋白加入后要有大块蛋白漂浮在面糊上。

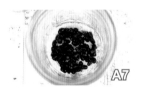
玻璃罐里放入蜜红豆。

把面糊倒进玻璃罐，1/3满。烤箱150℃，中下层烤25～30分钟，依个人烤箱而定。烤好后凉凉备用。

牛奶、木薯淀粉、细砂糖放入平底锅中。

小火加热，不停搅拌。

加热至浓稠成团后关火，盛出凉凉。

在做好的红豆魔法蛋糕上放上一层鲜奶麻薯，然后挤上一层香缇奶油，放上蜜红豆点缀即可。

香蕉牛奶巧克力
软糯和醇厚，巧克力的上佳伴侣

A 牛奶巧克力魔法蛋糕

原料

鸡蛋 2 个

细砂糖 65g

无盐黄油 63g

低筋面粉 58g

可可粉 10g

牛奶 250ml

牛奶巧克力碎 适量

盐 少许

准备工作： 烤箱预热 150℃，低筋面粉和可可粉混合过筛。

B 牛奶巧克力奶油

原料

淡奶油 150g

细砂糖 5g

可可粉 5g

牛奶巧克力 50g

C 朗姆香蕉泥

原料

香蕉 2 根

柠檬汁 5ml

朗姆酒 15ml

D 装饰

奥利奥饼干碎 适量

蛋黄和蛋白分开，蛋黄中加细砂糖搅打至发白，加入熔化的无盐黄油搅匀。

在蛋黄中加入过筛的低筋面粉和可可粉搅匀。

在 A2 中分次加入牛奶搅匀至无颗粒。

蛋白加盐打至硬性发泡，分次加入到蛋黄糊中，轻轻搅拌，不要混匀，最后一次蛋白加入后要有大块蛋白漂浮在面糊上。

玻璃罐里放入少许牛奶巧克力碎。

把面糊倒进玻璃罐，1/3满。烤箱150℃，中下层烤25～30分钟，依个人烤箱而定。烤好后凉凉备用。

细砂糖和可可粉混合。

牛奶巧克力熔化凉凉。

淡奶油加入 B1 中打至八分发，有清晰凝固的纹路。

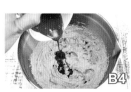

在 B3 中加入熔化凉凉的牛奶巧克力搅拌均匀。

香蕉加朗姆酒和柠檬汁，用电动打蛋器搅打成泥即可。

在做好的牛奶巧克力魔法蛋糕上挤一层牛奶巧克力奶油，然后放一层朗姆香蕉泥，最后撒上奥利奥饼干碎即可。

Part 4

经典口味蜜罐蛋糕

Part 4
草莓软绵绵蛋糕
粉红色的魅惑，让软绵绵融化在心

A 杏仁海绵蛋糕

原料

蛋黄 50g

糖粉 60g

杏仁粉 60g

蛋白 30g

低筋面粉 50g

蛋白 80g（用于制作蛋白霜）

细砂糖 45g

准备工作： 烤箱上下火160℃预热。

B 香草卡士达奶油

原料

蛋黄 2个

细砂糖 40g

玉米淀粉 8g

牛奶 100ml

香草精 5ml

淡奶油 100g

糖粉 5g

C 草莓奶油

原料

淡奶油 100g

细砂糖 5g

草莓粉 10g

D 装饰

鲜草莓 适量

冻干草莓脆 适量

糖粉 适量

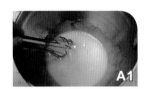

蛋黄中加糖粉搅拌均匀。

A1 中加入杏仁粉搅拌均匀。

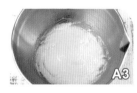

A2 中加入 30g 蛋白搅拌均匀。

在 A3 中加入过筛的低筋面粉搅拌均匀。

80g 蛋白中加细砂糖打发，硬性发泡，呈坚挺的钩状。

打好的蛋白霜分次加入到A4 的面糊中，用刮刀翻拌均匀。

将做好的面糊倒到方形烤盘中，抹平，轻轻震烤盘排气。

放入 160℃烤箱中烤 20 分钟左右，用牙签插入蛋糕，取出后没有面糊粘连即可。

用同玻璃罐口径大小相似的慕斯圈或者饼干模刻出圆形蛋糕片备用。

厚底锅中放入蛋黄加细砂糖搅拌均匀。

加入玉米淀粉搅拌均匀后加入牛奶和香草精搅匀。

中小火加热，不停搅拌至浓稠凝结后离火，盖保鲜膜冷却。

淡奶油中加糖粉搅打至八分发，然后加入到冷却的香草卡士达奶油（B3）中翻拌均匀即可。

淡奶油加细砂糖搅打至八分发，加入草莓粉搅拌均匀。

鲜草莓切片，玻璃罐中放入一片蛋糕，挤上香草卡士达奶油，贴壁码一圈草莓片，心向外，挤上草莓奶油，再放一片蛋糕，挤上一层香草卡士达奶油和一层草莓奶油，点缀冻干草莓脆，筛上糖粉即可。

Part 4
三倍巧克力蛋糕
一把抓住巧克力控的心

A 黑巧克力蛋糕

原料

无盐黄油 180g
细砂糖 120g
鸡蛋 3 个
牛奶 105g
低筋面粉 180g
泡打粉 6g
可可粉 15g
黑巧克力 75g

准备工作：烤箱上下火
160℃预热。低筋面粉、可
可粉、泡打粉混合过筛。
黑巧克力微波炉加热1分
钟熔化备用。

B 榛子牛奶巧克力酱

原料

无盐黄油 150g
糖粉 10g
可可粉 15g
淡奶油 45g
榛子巧克力酱 75g
盐 少许

C 白巧克力奶油

原料

淡奶油 100g
细砂糖 10g
熔化的白巧克力 50g
香草精 2 滴

D 装饰

市售巧克力豆 适量
可可粉 适量

A1 无盐黄油加细砂糖打至蓬松发白。分次加入鸡蛋，打至蓬松的鹅毛状。

A2 加入一半混合过筛的粉类，用刮刀大致翻拌拌匀。加入一半的牛奶翻拌均匀。

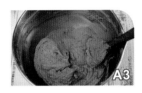

A3 依照 A2 步骤加入剩下的粉类和牛奶翻拌均匀成无干粉颗粒的面糊。

A4 加入熔化的黑巧克力翻拌均匀。将面糊倒在铺好油纸的平烤盘中，抹平。

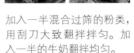

A5 放入预热好的烤箱中层烤15~20分钟，烤好后的蛋糕用牙签插入，取出后没有面糊粘连即可，凉凉备用。

B1 无盐黄油加糖粉打发至蓬松顺滑。加入可可粉搅拌均匀至顺滑且无干粉颗粒。

B2 加入淡奶油、榛子巧克力酱和盐搅拌均匀即可。

B3 将做好的榛子牛奶巧克力酱装入裱花袋中备用。

C1 淡奶油加细砂糖和香草精搅打至八分发。

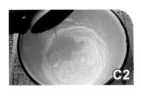

C2 加入熔化的白巧克力搅拌均匀。

C3 将做好的白巧克力奶油装入裱花袋中备用。

D1 将做好的黑巧克力蛋糕用同玻璃罐口径相同的饼干模刻出圆形蛋糕片。

D2 先在玻璃罐里放一片蛋糕片，然后挤上一层榛子牛奶巧克力酱，再放上一片蛋糕片，挤上白巧克力奶油，表面撒上巧克力豆和可可粉装饰。

黑糖豆乳蛋糕

这古早的风味，悠悠传来

A 伯爵奶茶蛋糕

原料

蛋黄糊

蛋黄 3 个

细砂糖 40g

芥花籽油 25g

牛奶 30ml

低筋面粉 60g

伯爵茶包 3 个

蛋白糊

蛋白 3 个

细砂糖 35g

准备工作：烤箱预热 180℃。

B 黑糖糖浆

原料

黑糖 100g

水 100ml

C 豆乳奶酱

原料

蛋黄 3 个

细砂糖 55g

低筋面粉 30g

玉米淀粉 10g

豆浆 300g

淡奶油 150g

D 自制熟黄豆粉

原料

干黄豆 200g

细砂糖 20g

牛奶和伯爵茶包放入厚底锅中加热，至牛奶微沸，泡出茶色。放在一边冷却备用。

蛋黄中依次加入细砂糖和芥花籽油搅匀。A1 中煮好的奶茶滤除茶包，将奶茶和一个茶包的茶叶加入到蛋黄糊中搅拌均匀。

加入过筛的低筋面粉搅拌均匀至无干粉颗粒，放在一边备用。

蛋白加细砂糖打至硬性发泡成蛋白霜。分次将蛋白霜加入蛋黄糊中，用硅胶刮刀翻拌均匀成柔软绵密的面糊。

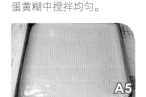

将做好的面糊倒入铺好油纸的烤盘中，震平，震出气泡，放入预热好的烤箱中烤 20 分钟。烤好后脱模凉凉备用。

黑糖和水放入厚底锅中熬至浓稠状即可，凉凉备用。

厚底锅中放入蛋黄和 45g 细砂糖搅拌均匀。加入过筛低筋面粉和玉米淀粉搅拌均匀。

加入豆浆搅拌均匀。

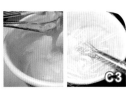

中小火加热，同时不停搅拌，直到浓稠挂浆为止，隔水冷却备用。

淡奶油中加 10g 细砂糖打搅至八分发，加入到冷却的豆浆糊中，混合均匀即可。装入裱花袋备用。

干黄豆洗净晾干，放到锅里，中小火炒，炒到出香味，黄豆变色。

炒好的黄豆和细砂糖放到研磨机里，打成粉状，放到密封罐里保存。

做好的奶茶蛋糕用同玻璃罐口径相同的饼干模切出圆形蛋糕片，在玻璃罐里先放一片蛋糕，然后在玻璃罐内壁挤一圈黑糖糖浆，贴着蛋糕和糖浆挤一厚层豆乳奶酱，再放一片蛋糕，再挤一圈黑糖糖浆和豆乳奶酱，筛上自制熟黄豆粉即可。

Part 4
焦糖奶酥苹果蛋糕
焦糖苹果，大顽童的舌尖逗趣

A 马芬蛋糕

原料

无盐黄油 80g

细砂糖 160g

鸡蛋 2 个

酸奶 100g

低筋面粉 220g

泡打粉 5g

盐 少许

牛奶 30ml

准备工作： 烤箱预热 160℃。低筋面粉、泡打粉和盐混合过筛备用。

B 奶酥

原料

低筋面粉 80g

细砂糖 120g

无盐黄油 60g

肉桂粉 1.5g

C 焦糖苹果

原料

苹果 1 个

细砂糖 30g

无盐黄油 15g

准备工作： 烤箱预热 170℃。

D 装饰

香缇奶油 适量

无盐黄油加细砂糖搅拌至颜色发白蓬松。分次加入鸡蛋搅拌均匀，每次都要搅拌到充分融合蓬松。

加入酸奶拌匀。加入一半过筛的粉类混合物，用硅胶刮刀以从盆底向上翻的手法翻拌。

还残留少量粉类的时候倒入牛奶，大致翻拌。

加入剩下的粉类混合物，翻拌均匀至无干粉颗粒，形成光滑的面糊即可。

将做好的面糊挤入耐烤玻璃罐中，1/3 满。放入预热好的烤箱中烤 20~25 分钟，用牙签插入蛋糕，取出后没有面糊粘连即可。烤好后冷却备用。

将制作 B 的所有原料混合，用手揉搓成团，放入冰箱冷冻 30 分钟。

用手捏碎冻硬的奶酥面团，变成碎粒状即可。放入 170℃的烤箱中烤 20 分钟至金黄色。

烤好后冷却，放密封袋中常温储存。

苹果去皮去核，切成片。平底锅内放入细砂糖，中小火加热至细砂糖熔化。

出现焦糖色后放入无盐黄油搅匀，再放入苹果片继续煮。

熬煮时不停搅拌，直到水分变少，焦糖苹果变浓厚即可。

放入密封罐中冷却备用。

烤好的马芬蛋糕上放 1 大勺焦糖苹果，上面挤上一层香缇奶油，再铺一层奶酥，最后放 1 小块焦糖苹果点缀即可。

新良黑金丝绒蛋糕粉，纯进口麦源，味蕾的按摩师

Part 4
花生石板路蛋糕
美式的硬派口味，强攻你的味蕾

A 黑巧克力蛋糕

原料及做法
同 p.39 "三倍巧克力蛋糕"
中的黑巧克力蛋糕

B 花生奶油

原料
无盐黄油 120g

糖粉 10g

淡奶油 30g

颗粒花生酱 70g

C 柔软棉花糖酱

原料
水 90ml

细砂糖 180g

玉米糖浆 240g

蛋白 3 个

柠檬汁 2.5ml

香草精 5ml

如果想减糖的话，以下原
料量发生变化：

水 75ml

细砂糖 150g

玉米糖浆 200g

D 装饰

花生碎 适量

巧克力酱 适量

黑巧克力蛋糕边角料切成
的小方块 适量

无盐黄油加糖粉打至颜色
变浅，蓬松顺滑。

加入淡奶油和颗粒花生酱
搅拌均匀。

装入裱花袋备用。

水、细砂糖、玉米糖浆放
入厚底锅中加热至 120℃，
用探针式温度计测温。

蛋白中加入柠檬汁打发至
硬性发泡成蛋白霜。

将煮好的糖水缓慢倒入蛋白
霜中，并且边倒边中速搅
拌，直到所有糖浆都倒完，
继续搅拌 6~8 分钟，直到
蛋白霜变得黏稠有光泽。

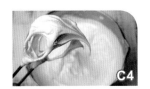

加入香草精搅拌均匀。

装入裱花袋备用。

玻璃罐里放 2 片黑巧克力
蛋糕，挤一层花生奶油，
再挤一层柔软棉花糖酱，
撒上花生碎、黑巧克力蛋
糕边角料切成的小方块和
巧克力酱装饰。

Part 4
玫瑰开心果蛋糕
法式的浪漫，枫丹白露的美味

A 开心果蛋糕

原料

无盐黄油 100g

细砂糖 80g

鸡蛋 2 个

低筋面粉 100g

泡打粉 2g

牛奶 50ml

开心果泥 30g

开心果碎 30g

准备工作： 烤箱预热 160℃，低筋面粉和泡打粉混合过筛备用。

B 玫瑰奶油

原料

无盐黄油 150g

糖粉 30g

淡奶油 45g

玫瑰花酿 30g

C 装饰

干玫瑰花 适量

开心果碎 适量

无盐黄油加细砂糖打发至蓬松，颜色发白。

分次加入鸡蛋打匀，至鸡蛋被充分吸收且蓬松。

加入开心果泥打匀。

分两次加入混合过筛的粉类和牛奶，交替翻拌均匀。

加入开心果碎翻拌均匀。

做好的面糊放入玻璃罐中五分满，160℃烤 20 分钟，烤好后冷却备用。

无盐黄油加糖粉打发。

加入淡奶油搅拌均匀。

加入玫瑰花酿搅拌均匀。

装入带有玫瑰花嘴的裱花袋备用。

在做好的开心果蛋糕上挤上玫瑰形状的玫瑰奶油，装饰干玫瑰花和开心果碎即可。

小粉桃蛋糕
桃子的清甜，限定的粉嫩

A 白桃杯子蛋糕

原料

低筋面粉 215g
细砂糖 130g
泡打粉 2g
盐 少许
无盐黄油 135g
牛奶 150ml
白桃果蓉 80g
酸奶 15g
鸡蛋 1 个
白桃果干 50g

B 小桃子曲奇

曲奇原料

中筋面粉 310g
泡打粉 2.5g
鸡蛋 70g
细砂糖 A 90g
牛奶 90ml
无盐黄油（熔化凉凉）125g
橙皮屑少许

夹心酱原料

白巧克力 110g
淡奶油 90g
无盐黄油 30g
白桃果蓉 30g
盐 少许

表面装饰

A：白桃利口酒 65ml
　　红色素 1 滴
B：朗姆酒 40ml
　　黄色素 1 滴
　　细砂糖 B 125g

C 白桃奶酪酱

原料

奶油奶酪 200g
淡奶油 30g
糖粉 30g
白桃果蓉 50g

D 装饰

鲜薄荷 适量

低筋面粉、细砂糖、泡打粉和盐混合均匀，放入室温软化的无盐黄油搅打成酥粒状。鸡蛋、酸奶、牛奶、白桃果蓉混合均匀。

混合好的鸡蛋、酸奶、牛奶、白桃果蓉倒入之前打成酥粒状的面糊中，边倒边搅拌至面糊顺滑无颗粒。

杯子蛋糕模具中放入白桃果干，然后倒入做好的面糊八分满。放入预热好160℃的烤箱中烤20分钟，烤好后脱模冷却备用。

鸡蛋加细砂糖 A 搅拌均匀后加入牛奶搅匀。加入熔化的黄油和橙皮屑搅拌均匀。

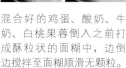

分两次加入混合过筛的中筋面粉和泡打粉，拌匀，静置 5 分钟，形成面团。

将做好的面团搓成一个个核桃大小的球，放入预热好160℃的烤箱中烤15分钟。烤好后凉凉备用。

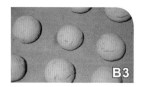

淡奶油加盐煮至微沸后加入白巧克力不断搅拌至巧克力完全熔化。

加入白桃果蓉和软化的无盐黄油不断搅拌直至冷却为浓稠的乳霜状。

凉凉的曲奇平的那面中间挖个小洞。填入做好的夹心酱，然后将两个曲奇粘在一起。

白桃利口酒加红色素混合均匀，朗姆酒加黄色素混合均匀。

做好的曲奇先不规则地蘸一层红色利口酒，再滚满黄色利口酒。蘸好酒的曲奇在细砂糖 B 中滚满即可，放在一边备用。

奶油奶酪加糖粉用电动打蛋器打发至顺滑无颗粒后加入淡奶油搅打均匀。加入白桃果蓉混合均匀即可。

做好的杯子蛋糕从中间片成两片，先在罐底放一片，然后挤上一层白桃奶酪酱，再放上一层蛋糕，再挤一层白桃奶酪酱，最后放上小桃子曲奇，用鲜薄荷点缀即可。

Part 4
杏桃柠檬蛋糕
淡雅的酸甜，夏日的最爱

A 柠檬蛋糕

原料

鸡蛋 1 个
细砂糖 70g
蜂蜜 20g
芥花籽油 70g
酸奶 40g
柠檬汁 15ml
柠檬皮屑 1/2 个柠檬的量
低筋面粉 120g
泡打粉 5g

准备工作： 烤箱预热
180℃，低筋面粉和泡打粉
混合过筛，长条蛋糕模具
内铺好油纸。

B 柠檬奶油

原料

无盐黄油 100g
糖粉 20g
淡奶油 50g
柠檬汁 10g
柠檬皮屑 1/2 个柠檬的量
熔化的白巧克力 30g

C 装饰

柠檬片 适量
市售杏桃果酱 适量
白桃干或杏干 适量

鸡蛋加细砂糖和蜂蜜搅拌，混合均匀。

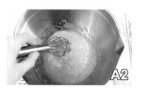
隔水加热 A1，边加热边搅拌，直到细砂糖溶化，液体温度达到人体温度后离火。

加入芥花籽油，充分搅拌，使液体乳化。

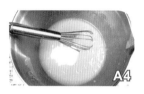
加入酸奶搅拌均匀。

加入柠檬汁和柠檬皮屑搅拌均匀。

加入过筛的粉类搅拌均匀至顺滑无颗粒。

将做好的蛋糕糊倒入模具中，震平。

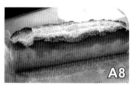
烤箱 180℃烤 30 分钟，烤好后冷却备用。

无盐黄油加糖粉打至蓬松发白。

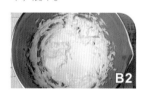
加入淡奶油搅拌均匀。

加入柠檬汁和柠檬皮屑搅拌均匀。

加入熔化的白巧克力搅拌均匀。

装入裱花袋中备用。

柠檬蛋糕切成正方形的小块，蛋糕块大小依玻璃罐大小而定，玻璃罐里挤入一层柠檬奶油，在奶油上放一层杏桃果酱，再放入柠檬蛋糕块，在蛋糕块上挤上柠檬奶油，以杏桃果酱、白桃干（或杏干）和柠檬片装饰。

Part 5

奶酪与慕斯蜜罐

Part 5
白桃养乐多奶酪
奶酸与桃子的俏皮组合，享受美味又不失轻盈体态

A 饼底

原料

牛奶饼干 80g

无盐黄油 30g

白桃罐头 150g

B 养乐多奶酪

原料

奶油奶酪 100g

养乐多 1 瓶

原味酸奶 50g

柠檬汁 5ml

吉利丁粉 5g

水 1 大勺

淡奶油 100g

细砂糖 15g

白桃罐头水 20ml

C 装饰

白桃罐头 适量

薄荷 适量

牛奶饼干放在密封袋里擀碎，加入熔化的无盐黄油，搅拌均匀，铺在罐底。

白桃罐头切片铺在饼干底上，厚一些。

吉利丁粉加 1 大勺水泡发备用。

奶油奶酪软化后用打蛋器充分搅拌至均匀顺滑。

加入养乐多搅拌均匀。

依次加入原味酸奶、柠檬汁、白桃罐头水搅匀。

泡发好的吉利丁粉用微波炉 20 秒溶解，然后加入到 B2 的奶酪糊中搅拌均匀。

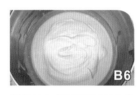

淡奶油加细砂糖打至六分发（提起蛋头能滴落）。

打发好的淡奶油加入到奶酪糊中翻拌均匀，拌至均匀顺滑。

在铺好的饼底和白桃罐头上挤入一层养乐多奶酪，然后放一层白桃罐头，再挤一层养乐多奶酪，冷藏 2 小时以上，食用前装饰上白桃罐头和薄荷即可。

Part 5
浓厚纽约奶酪
来自纽约的都市风味

A 饼干底

原料

和情焦糖饼干 50g

无盐黄油 15g

准备工作： 烤箱预热 160℃。

B 奶酪

原料

奶油奶酪 200g

细砂糖 60g

蛋黄 1 个

淡奶油 80g

柠檬汁 5ml

和情焦糖饼干放进密封袋，用擀面杖擀碎。

加入熔化的无盐黄油拌匀。

做好的饼干底放入玻璃罐中，1/3 的量，用勺子压平备用。

奶油奶酪加细砂糖搅打均匀，至顺滑无颗粒。

加入蛋黄搅拌均匀。

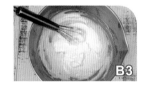

加入淡奶油搅拌均匀。

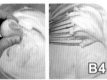

加入柠檬汁搅拌均匀。

做好的奶酪糊倒入填好饼干底的玻璃罐中，填满。

烤箱 160℃隔热水烤 30 分钟。

烤好冷却，冷藏 1 晚即可，食用时可搭配果酱或酸奶。

Part 5
抹茶覆盆子慕斯
口味上的红配绿，撞出和谐的火花

原料

蛋黄 1 个

细砂糖 35g

玉米淀粉 5g

香草精 2g

牛奶 120ml

抹茶粉 6g

热水 15ml

吉利丁片 5g

淡奶油 120g

树莓 5 颗

薄荷 适量

杏仁或香草蛋糕片（做法参见 p.37 "杏仁海绵蛋糕"）适量

准备工作： 吉利丁片用冷水泡软。

蛋黄、细砂糖、玉米淀粉和香草精混合搅拌均匀。

加入牛奶搅拌均匀。

中小火加热，直到混合物变浓稠。

抹茶粉加热水溶解搅拌均匀。

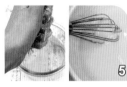

泡软的吉利丁片攥干水分，加入到 3 中搅拌熔化。

加入抹茶溶液搅拌均匀。

淡奶油搅打至六分发。

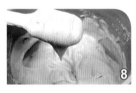

抹茶糊倒入打发的淡奶油中翻拌均匀即可。

玻璃罐中放入一片杏仁或香草蛋糕，倒入一半抹茶慕斯糊，放几颗树莓，再填满抹茶慕斯糊，冷藏 2 小时。

在冷藏好的慕斯上筛一层抹茶粉，加以树莓和薄荷装饰。

Part 5
香橙白巧克力慕斯
来自五星级酒店的经典搭配

原料

白巧克力 100g
炼乳 20g
淡奶油 180g
橙子 1 个

白巧克力、炼乳和淡奶油 80g 放入盆中，隔水熔化备用。

淡奶油搅打至八分发。

将打发的淡奶油加入到降至皮肤温度的巧克力溶液中，翻拌均匀。

橙子去皮切片，贴壁摆放在玻璃罐里。

将做好的白巧克力慕斯倒入摆好橙子片的玻璃罐内。盖盖密封，冷藏 2 小时即可。

Part 5
火焰香蕉焦糖奶酪
火焰的魔力，焦香的魅力

A 饼干底

原料

奥利奥饼干碎 100g

无盐黄油 35g

准备工作： 烤箱预热 170℃。

B 奶酪糊

原料

香蕉 2 根

细砂糖 50g

无盐黄油 20g

白兰地 20ml

奶油奶酪 150g

淡奶油 120g

鸡蛋 1 个

低筋面粉 15g

奥利奥饼干碎装入密封袋，用擀面杖擀成粉末状。

加入熔化的无盐黄油拌匀。

在玻璃罐中填入拌好的奥利奥饼干底，1cm 左右厚，用勺子压平备用。

香蕉切片。

平底锅中放入细砂糖，糖熔化变金黄色后加入无盐黄油。

无盐黄油熔化后加入香蕉片，中小火加热翻炒。

香蕉变软后加入白兰地，并且用打火机点火。

锅里的火苗熄灭后即可，凉凉备用。

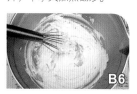

制作奶酪糊。奶油奶酪搅打至顺滑无颗粒。

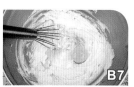

加入鸡蛋搅匀。

加入低筋面粉搅拌均匀。

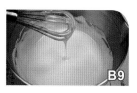

加入淡奶油搅拌均匀。

加入之前做好的火焰香蕉，用刮刀翻拌均匀即可。

将填好饼干底的玻璃罐中贴壁码一圈香蕉片，然后把火焰香蕉奶酪糊倒入玻璃罐中八分满。170℃的烤箱中烤 30~35 分钟，烤好冷却后冷藏一晚，食用时可搭配香缇奶油或香草冰淇淋。

Part 5
芒果生奶酪
分子料理般的芒果变形记

A 饼干底

原料

椰子饼干 50g

无盐黄油 20g

B 芒果生奶酪

原料

奶油奶酪 100g

细砂糖 30g

柠檬汁 10g

浓酸奶 30g

吉利丁粉 3g

水 18ml

淡奶油 50g

芒果果泥 100g

芒果果肉 适量

椰子饼干放入密封袋中，用擀面杖擀碎。

无盐黄油熔化，加入饼干碎拌匀。

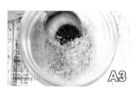

拌好的饼干填入玻璃罐底，压实备用。

吉利丁粉加水搅拌均匀，泡胀后微波 20 秒溶化备用。

淡奶油搅打至六分发，备用。

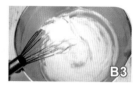

奶油奶酪和细砂糖混合搅打至细腻顺滑。

加入柠檬汁和浓酸奶搅拌均匀。

加入芒果果泥搅拌均匀。

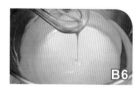

加入溶化的吉利丁液搅拌均匀。

分次加入打发的淡奶油拌匀即可。

在填好饼干底的玻璃罐中放入适量芒果果肉，倒入芒果奶酪糊，放入冰箱冷藏 4 小时。

在冷藏好的芒果生奶酪上填一层芒果果泥即可。

Part 5
圣诞森林浆果生奶酪
森林里精灵们的甜点

A 饼干底

原料

奥利奥饼干碎 150g

（去除夹心）

熔化的无盐黄油 50g

B 浆果生奶酪

原料

奶油奶酪 125g

细砂糖 50g

混合浆果 225g

（草莓、冷冻蓝莓、冷冻覆盆子、冷冻蔓越莓等）

柠檬汁 2.5ml

吉利丁片 6g

热水 30g

淡奶油 125g

C 浆果库利

原料

浆果果泥 200g

（同奶酪的果泥）

细砂糖 30g

杏桃果酱 40g

水 A 80ml

吉利丁粉 8g

水 B 30ml

D 装饰

香缇奶油 适量

浆果（草莓、树莓等）适量

糖粉

奥利奥饼干碎擀成细碎的粉末，加入熔化的无盐黄油搅拌均匀。

拌好的饼干铺在玻璃罐底，压实备用。

吉利丁片加热水充分溶解备用。

混合浆果和柠檬汁放入破壁机中打成浆果泥备用。

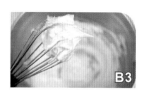

室温软化的奶油奶酪加入细砂糖搅拌至光滑细腻无颗粒。

奶油奶酪加入吉利丁片液搅拌均匀。

在 B4 中加入浆果泥搅拌均匀。

淡奶油打至六分发后加入到奶酪糊中翻拌均匀即可。

将做好的浆果奶酪倒入填好饼底的玻璃罐中，冷藏 2 小时凝固备用。

在 B4 吉利丁粉中加水 B 搅拌均匀，泡胀备用。

浆果果泥、细砂糖、杏桃果酱和水 A 一起放入锅中，中火煮，边煮边搅拌至微沸。

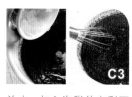

关火，加入泡胀的吉利丁搅拌均匀至吉利丁粉溶化即可。

做好的浆果库利凉至皮肤温度后，倒在凝固好的浆果生奶酪上，然后继续冷藏 2 小时以上至库利凝固。

在冷藏好的库利生奶酪上挤上香缇奶油，放上浆果筛上糖粉装饰即可。

枫糖山核桃奶酪

来自加拿大的甜蜜馈赠

A 饼底

原料

牛奶饼干 100g

无盐黄油 50g

准备工作: 烤箱预热 180℃。

B 奶酪糊

原料

奶油奶酪 200g

枫糖浆 100g

鸡蛋 1 个

淡奶油 50g

低筋面粉 10g

山核桃仁 40g

C 香草香缇奶油

原料

淡奶油 150g

细砂糖 8g

香草精 2 滴

盐 少许

D 装饰

枫糖浆 适量

烤山核桃仁 适量

牛奶饼干放入密封袋中,用擀面杖擀碎。

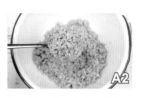

加入熔化的无盐黄油拌匀。

将做好的饼底填入玻璃罐中,压平,1cm 左右厚。

山核桃仁 180℃烤 5~10 分钟,出香味即可,凉凉后切碎备用。

奶油奶酪搅打至顺滑无颗粒。

加入枫糖浆搅拌均匀。

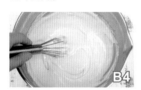

加入鸡蛋搅拌均匀。

加入低筋面粉搅拌均匀至无干粉颗粒。

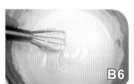

加入淡奶油搅拌均匀。

加入山核桃仁碎,用硅胶刮刀翻拌均匀即可。

做好的奶酪糊倒入填好饼底的罐子中八分满。

180℃烤箱中,隔热水烤 30 分钟,烤好冷却后冷藏一晚。

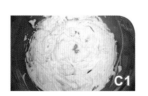

将制作香草香缇奶油的所有原料混合打发至八分发,纹路清晰,奶油凝固。

将 C1 装入带有裱花嘴的裱花袋备用。

在冷藏一夜的枫糖山核桃奶酪挤上香草香缇奶油,放上烤山核桃仁,淋上枫糖浆即可。

Part 5
北海道双层奶酪
北海道的雪也可以是甜的

A 饼底

原料
杏仁海绵蛋糕

（做法参见 p.37 "草莓软绵绵蛋糕"）

准备工作： 烤箱预热 150℃。

B 烤奶酪糊

原料
奶油奶酪 100g

马斯卡彭奶酪 100g

细砂糖 40g

鸡蛋 1 个

淡奶油 70ml

低筋面粉 10g

C 冷凝奶酪糊

原料
马斯卡彭奶酪 100g

细砂糖 15g

牛奶 15ml

吉利丁粉 1g

打发淡奶油 70g

D 装饰

杏仁蛋糕 适量

玻璃罐里放入一片杏仁海绵蛋糕，备用。

奶油奶酪和马斯卡彭奶酪混合搅打至细腻顺滑无颗粒。

加入细砂糖搅拌均匀。

加入鸡蛋搅拌均匀。

加入淡奶油搅拌均匀。

加入低筋面粉搅拌均匀至无干粉颗粒，如果不够细腻，可以过筛一遍奶酪糊。

做好的奶酪糊倒入放好蛋糕片的玻璃罐中五分满。

隔热水烤 30 分钟，烤好后冷却，放入冷藏备用。

马斯卡彭奶酪加细砂糖搅拌均匀至顺滑。

牛奶加吉利丁粉搅拌均匀，待吉利丁粉泡发后，微波 30 秒溶解成吉利丁牛奶液。

吉利丁牛奶液倒入奶酪糊中搅拌均匀。

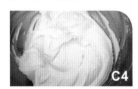

加入打发至七分发的淡奶油拌匀。

做好的冷凝奶酪糊倒入烤好冷却的烤奶酪上至满。盖上盖子冷藏 2 小时。

杏仁蛋糕用筛网筛成蛋糕屑，铺在做好的双层奶酪上，铺满即可。

Part 5
巧克力伯爵慕斯
佛手柑伯爵，捍卫巧克力女王至高的口感

慕斯

原料

蛋黄 2 个
细砂糖 25g
牛奶 150ml
吉利丁粉 10.5g
冷水 21ml
牛奶巧克力 100g
淡奶油 120g
伯爵茶包 4 个
市售手指饼干 1 包

装饰

坚果碎 适量
香缇奶油 适量

吉利丁粉加冷水混合均匀，放置一边至膨胀。

伯爵茶包和牛奶放到锅里中火煮，微沸后关火。

锅中蛋黄中加细砂糖搅拌均匀。

蛋黄液中加入凉至温热后去除茶包的伯爵茶牛奶，拌匀。

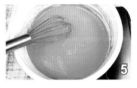

将混合好的奶茶蛋黄液中小火煮至浓稠后关火。

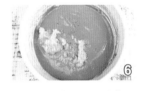

加入膨胀的吉利丁粉搅拌均匀至吉利丁粉充分溶化。

加入牛奶巧克力，搅拌均匀至巧克力熔化，凉凉。

淡奶油搅打至八分发。

将巧克力浆倒入打发的淡奶油中拌匀至顺滑绵密的状态。

玻璃罐中先码上手指饼干，然后倒入慕斯糊，盖上盖子冷藏 2 小时即可。

凝固后可搭配坚果碎、香缇奶油等食用。

Part 6

果冻与布丁蜜罐

Part 6
葡萄柚意式奶冻
粉色钻石徜徉在牛奶海洋里

原料

吉利丁粉 15g

水 230ml

淡奶油 2 杯

细砂糖 1/3 杯

香草豆荚 2 根

葡萄柚 1 个

吉利丁粉加水搅拌均匀，放置一边泡发。

淡奶油放入厚底锅中，小火加热。

香草豆荚剖开刮出香草籽，连同皮一起放入淡奶油中小火煮。

加入细砂糖，不停搅拌，把糖煮溶。

糖溶化后加入泡发的吉利丁粉，搅拌均匀，至吉利丁粉全部溶解。

开中火，混合物再次沸腾后关火。

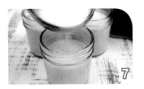

将奶冻液倒入玻璃罐中。

冷藏 2 小时，使其凝固。

葡萄柚去皮，取汁及果肉备用。

在凝固的奶冻，放一层葡萄柚汁，再放入葡萄柚果肉即可。

新良吉利丁片，甜点爽滑细腻更有型

Part 6
抹茶草莓布丁
日剧里走出的甜品

原料

淡奶油 200ml

牛奶 180ml

吉利丁片 5g

细砂糖 30g

抹茶粉 8g

鲜草莓 5 颗

草莓果酱 适量

装饰

香缇奶油 适量

草莓 适量

抹茶粉 适量

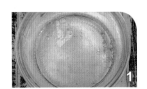

吉利丁片用冷水泡软备用。

淡奶油和牛奶倒入锅中，中火煮，微沸后关火。

加入泡软的吉利丁片，搅拌至充分溶解。

细砂糖和抹茶粉混合。

将 3 缓缓倒入细砂糖和抹茶粉中，并且边倒边搅，所有材料混合均匀，然后过筛一遍。

鲜草莓切薄片，铺在玻璃罐底部，然后填入草莓果酱，盖过草莓。

将抹茶布丁糊倒入罐子里，盖好盖子，冷藏 2 小时凝固。

吃的时候可以用香缇奶油、草莓、抹茶粉装饰。

Part 6
法式焦糖奶油布蕾
那脆脆的糖壳，那柔软的内心

原料

蛋黄 2 个

细砂糖 25g

淡奶油 100ml

牛奶 100ml

香草豆荚 1 根

焦糖脆壳用细砂糖 适量

准备工作: 烤箱预热140℃。

蛋黄中加细砂糖搅匀。

香草豆荚剖开，刮出香草籽。

淡奶油、牛奶、香草籽和香草荚一起放入锅中，煮至微沸后关火。

将煮好的香草奶油液倒入蛋黄糊中，边倒边搅拌，直至混合均匀。

将布丁液过筛一遍。

倒入玻璃罐中，隔热水，烤箱140℃烤30分钟。

烤好后冷却。

在冷却好的布丁上撒一层厚厚的细砂糖，用喷火枪烧至金黄色，形成脆壳即可。

Part 6
黑芝麻布丁
黑芝麻的味道，是甜甜的童年

原料

吉利丁片 5g

牛奶 250ml

黑芝麻酱 30g

细砂糖 20g

淡奶油 100ml

黑芝麻 适量

吉利丁片用冷水泡软备用。

牛奶、黑芝麻酱、细砂糖放入锅中，中火加热，边搅拌边煮至微沸。

关火加入泡软的吉利丁片搅拌至吉利丁充分溶解。然后加入淡奶油搅拌均匀。

将锅放入冰水中，边搅拌边降温。

布丁液变黏稠状态后倒入玻璃罐中，冷藏 2 小时。

凝固后撒一层黑芝麻即可。

椰香西米布丁
正港味，正好味

原料

吉利丁粉 10g

水 20ml

牛奶 250ml

细砂糖 65g

椰子粉 20g

椰浆 200ml

马利宝椰子朗姆酒 10ml

西米 50g

炼乳 少许

各种水果 适量

（奇异果、草莓、芒果、鲜椰子肉等）

西米加冷水，大火煮 20 分钟，至西米变透明状。

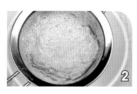

煮熟的西米过凉水，备用。

吉利丁粉加水搅匀，泡胀备用。

牛奶中加细砂糖煮至细砂糖溶化，微微煮沸，关火。

放入泡好的吉利丁粉搅拌均匀至吉利丁溶化。

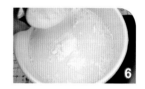

加入椰子粉搅拌均匀。

加入椰浆和马利宝椰子朗姆酒搅拌均匀。

将做好的布丁液倒入玻璃罐中五分满，盖盖冷藏 2 小时以上。

新鲜椰子打开取出果肉，在冷藏凝固的椰子布丁上放一层煮好的西米，淋上少许炼乳，再放上自己喜欢的鲜水果如鲜椰子肉即可。

浓郁巧克力布丁

生巧般的丝滑

原料

牛奶巧克力 40g

黑巧克力 40g

可可粉 10g

牛奶 170ml

细砂糖 30g

蛋黄 2 个

淡奶油 130g

甘露咖啡力娇酒 10ml

装饰

巧克力 适量

可可粉 适量

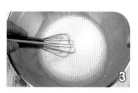

牛奶和细砂糖放入锅中，小火加热搅拌至细砂糖溶解。

关火，加入牛奶巧克力、黑巧克力和可可粉，搅拌至巧克力全部熔化，无干粉颗粒。

蛋黄中加淡奶油搅拌均匀。

将巧克力牛奶溶液倒入蛋黄奶油中，一边倒一边搅拌混合。

加入甘露咖啡力娇酒搅匀。

混合好的液体过筛一遍。

过筛好的布丁液倒入玻璃罐中，表面包上锡纸。

烤箱 150℃，隔热水烤 30 分钟，烤好后凉凉冷藏 2 小时。

食用时可以可可粉、巧克力碎装饰。

Part 6
荔枝茉莉花茶布丁
一杯香茶，坐等荔枝来

原料

吉利丁粉 4g

水 10ml

纯净水 80ml

茉莉花茶茶包 2 个

牛奶 150ml

细砂糖 20g

淡奶油 50ml

荔枝罐头 适量

茉莉花酿 适量

吉利丁粉加水搅匀，泡胀备用。

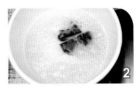

茉莉花茶茶包和纯净水放入锅里，煮开后关火闷5~10分钟。

加入牛奶和细砂糖搅拌均匀，继续加热至微沸，捞出沥干茶包。

加入泡发好的吉利丁粉，搅拌均匀至吉利丁粉充分溶解。

加入淡奶油搅匀。

做好的布丁液倒入玻璃罐中，盖盖冷藏2小时。

冷藏凝固后放上荔枝罐头和茉莉花酿即可。

Part 6
杏仁豆腐
宫廷里流出的皇室口味

原料

杏仁霜粉（南杏仁）15g

玉米淀粉 10g

牛奶 250ml

糖粉 15g

炼乳 8g

淡奶油 50ml

吉利丁片 3g

甜杏仁碎 适量

冷水 适量

吉利丁片用冷水泡软备用。

杏仁霜粉、玉米淀粉、糖粉和牛奶放入锅中，中小火加热，充分搅拌至溶解。

加入炼乳搅拌均匀，煮至浓稠后关火。

加入淡奶油搅拌均匀。

加入泡软的吉利丁片。

开小火搅拌至吉利丁片充分溶化冒泡泡后关火。

倒入玻璃罐中，冷藏2小时以上，凝固后撒上甜杏仁碎即可。

芒果牛奶双色果冻

魔方般的形状，魔法般的双倍美味

A 芒果果冻

原料

芒果果泥 250g

炼乳 20g

水 45ml

吉利丁粉 5g

B 牛奶果冻

原料

牛奶 160ml

细砂糖 30g

淡奶油 80g

吉利丁粉 5g

水 15ml

香草精 1 滴

C 装饰

鲜芒果块 适量

吉利丁粉加 15ml 水搅拌均匀，泡胀备用。

芒果果泥、炼乳和 30ml 水放入锅中，小火加热至 60℃。

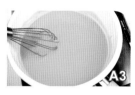
加入泡胀的吉利丁粉搅拌均匀至充分溶解。

玻璃罐斜放在蛋糕模中固定，倒入芒果果冻液。

放入冰箱冷藏 2 小时凝固备用。

吉利丁粉加水搅拌均匀，泡胀备用。

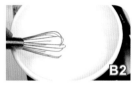
牛奶和细砂糖放入锅中小火加热至砂糖溶化。

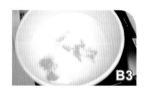
关火加入泡胀的吉利丁粉搅拌均匀。

加入淡奶油和香草精搅拌均匀，凉凉备用。

将冷藏凝固的芒果果冻转个方向，固定在蛋糕模中，倒入凉凉的牛奶果冻液。

放入冰箱冷藏 2 小时凝固。

在冷藏好的芒果牛奶双色果冻中放入鲜芒果块即可。

Part 6
卡布奇诺双层布丁
咖啡的苦与香，牛奶最了解

A 咖啡布丁

原料

牛奶 100ml

细砂糖 18g

速溶黑咖啡粉 5g

全蛋液 25g

蛋黄 1 个

淡奶油 50ml

甘露咖啡力娇酒 10ml

准备工作：烤箱预热 150℃。

B 鲜奶布丁

原料

吉利丁粉 5g

水 10ml

牛奶 160ml

细砂糖 30g

淡奶油 75ml

香草精 5ml

C 装饰

可可粉（或焦糖酱）适量

牛奶和细砂糖放入锅中，小火加热至砂糖溶化后关火。

加入速溶黑咖啡粉搅拌均匀至咖啡粉充分溶解。

全蛋液和蛋黄放入盆中打散。

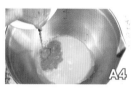

少量多次加入咖啡牛奶液搅拌均匀。

加入淡奶油和甘露咖啡力娇酒搅拌均匀。

将做好的咖啡布丁液倒入玻璃罐中，隔热水 150℃烤 15~20 分钟。

烤好冷却后冷藏 2 小时。

吉利丁粉加水搅拌均匀，放在一旁泡发备用。

牛奶和细砂糖放入锅中，小火加热至砂糖溶化后关火。

加入泡发的吉利丁粉，搅拌均匀，充分溶解。

加入淡奶油和香草精，搅拌均匀。

做好的布丁液冷却至人体温度，倒在冷藏定型好的咖啡布丁上。

冷藏 2 小时以上，过夜最好。食用时依个人喜好筛上可可粉或者淋上焦糖酱即可。

Part 7

快手饼干叠叠蜜罐

Part 7
红丝绒酥饼
美式的经典，丝绒般的柔滑

A 红丝绒酥饼

原料

中筋面粉 100g

（或低筋面粉和高筋面粉各一半）

可可粉 10g

盐 少许

细砂糖 80g

无盐黄油 75g

香草精 5ml

牛奶 25ml

玉米糖浆 10g

天然红色粉 少许

（红曲粉 10g 或红丝绒液 10ml）

准备工作：烤箱预热 180℃。

B 香草奶酪酱

原料

奶油奶酪 200g

淡奶油 350g

糖粉 65g

香草精 1 大勺

中筋面粉、可可粉、天然红色粉、盐混合过筛备用，用红曲粉的话，此时也混合过筛。

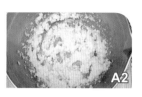

软化的无盐黄油加细砂糖、香草精混合搅至乳霜状微发，不要过度打发。

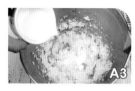

牛奶、玉米糖浆搅匀（如果用的是液体色素或红丝绒液，此时也一起加入），加入到 A2 中搅拌均匀。

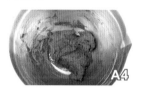

加入混合过筛好的粉类，用刮刀翻拌均匀至无颗粒，成团即可。

将搅拌好的面团包上保鲜膜，整形成直径 5cm 的圆柱状，冷冻至少 2 小时。

将冻好的面团切成 0.5mm 厚片摆在烤盘中，注意要间隔大一些，摆好后放入预热好的烤箱中层烤 10 ~ 12 分钟。烤好后取出放凉备用。

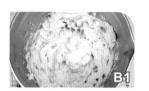

奶油奶酪软化，加糖粉和香草精打发。

加入淡奶油继续打发至有清晰纹路但是提起打蛋器微微滴落的六分发状态。

在玻璃罐中先挤一层红丝绒酱，然后铺上厚厚一层红丝绒酥饼，再挤一层红丝绒酱，再铺一层厚厚的酥饼，依此顺序层层叠叠至瓶口，最后一层以红丝绒酱结尾，在上层装饰掰碎的红丝绒酥饼即可，冷藏一夜后食用。

Part 7
坚果巧克力酥饼
酥脆和丝滑，在口中缠绵

A 坚果酥饼

原料

无盐黄油 85g

细砂糖 100g

香草精 5ml

牛奶 15ml

麦芽糖浆 5g

混合坚果 120g

中筋面粉 153g

盐 少许

准备工作： 烤箱预热 180℃，无盐黄油室温软化。

B 坚果巧克力奶油

原料

淡奶油 250g

糖粉 15g

可可粉 12g

盐 少许

混合坚果碎 40g

无盐黄油加细砂糖和香草精打发至颜色变浅，呈蓬松的乳霜状。

牛奶和麦芽糖浆混合均匀，倒入黄油霜中搅拌均匀。

混合坚果用磨碎机磨碎，加入 A2 中搅拌均匀。

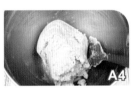

加入中筋面粉和盐拌匀成团。

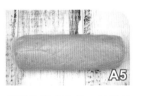

把面团搓成长 15cm 的圆柱体，用保鲜膜包好，冷冻一晚。

将冷冻好的面团切成 0.5cm 厚的片，摆在垫好油纸的烤盘上，冷冻 10 分钟。

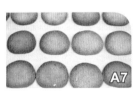

冷冻好后放入 180℃烤箱中烤 12~15 分钟，烤好后冷却即可。

淡奶油加糖粉打至八分发。

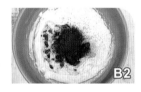

加入可可粉和盐搅打均匀。

加入混合坚果碎搅拌均匀即可。

将一块坚果酥饼掰成小块放入玻璃罐中，挤上一层坚果巧克力奶油，再放酥饼，再挤奶油，以此类推，最后以奶油层结束，点缀少许酥饼和坚果碎即可。

Part 7
黑森林
黑森林里的樱桃最香甜

A 黑巧克力酥饼

原料

无盐黄油 85g

细砂糖 115g

香草精 5ml

牛奶 20ml

麦芽糖浆 5g

中筋面粉 85g

可可粉 38g

盐 少许

准备工作：烤箱预热 180℃，无盐黄油室温软化。

B 樱桃白兰地奶油

原料

淡奶油 200g

细砂糖 10g

樱桃白兰地 15ml

C 装饰

市售樱桃果酱 适量

鲜车厘子 适量

无盐黄油加细砂糖和香草精打发至颜色变浅，呈蓬松的乳霜状。

牛奶和麦芽糖浆混合均匀，倒入黄油霜中搅拌均匀。

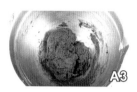

加入中筋面粉、可可粉和盐拌匀成团。

把面团搓成长 15cm 的圆柱体，用保鲜膜包好，冷冻一晚。

将冷冻好的面团切成 0.5cm 厚的片，摆在垫好油纸的烤盘上，冷冻 10 分钟。

冷冻好后放入 180℃烤箱中烤 12~15 分钟，烤好后冷却即可。

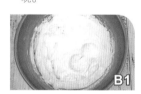

淡奶油加细砂糖打至八分发。

加入樱桃白兰地搅拌均匀即可。

玻璃罐里先放一层掰碎的黑巧克力酥饼，然后挤一层樱桃白兰地奶油，铺一层樱桃果酱，然后重复一遍之前的堆叠至满，最后以果酱为最上层，点缀樱桃白兰地奶油、鲜车厘子、酥饼碎等即可。

Part 7
爱尔兰咖啡玛奇朵
酒精加咖啡，又是一个不眠夜

A 咖啡酥饼

原料

中筋面粉 90g

盐 少许

细砂糖 85g

无盐黄油 58g

香草精 5ml

速溶黑咖啡粉 10g

热牛奶 10ml

玉米糖浆 5g

准备工作：黄油室温软化，牛奶加热到50℃。

B 百利甜酒布丁奶油

原料

细砂糖 132g

玉米淀粉 30g

盐 少许

全脂牛奶 360ml

百利甜酒 60ml

淡奶油 120ml

鸡蛋 1个

无盐黄油 13g

香草精 7.5ml

准备工作：无盐黄油室温软化，鸡蛋打散。

C 装饰

焦糖脆片 适量

A1

软化的黄油中加入细砂糖、盐和香草精，搅拌均匀呈乳霜状。

A2

热牛奶加入到速溶黑咖啡粉中，搅拌至充分溶解，然后加入玉米糖浆搅拌均匀。

A3

搅拌均匀的咖啡奶倒入黄油霜中，搅拌均匀。

A4

加入中筋面粉，翻拌成团。

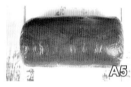

A5

将拌好的酥饼团搓成5cm直径的长条，用保鲜膜包好，冷冻2小时以上。

A6

将冷冻好的酥饼面团切成0.5~1cm厚的片，放到铺好油纸的烤盘中。

A7

烤箱180℃烤12分钟，烤好后冷却备用。

B1

平底锅中放入细砂糖、玉米淀粉、盐混合均匀。

B2

倒入全脂牛奶、百利甜酒、淡奶油，搅拌均匀。

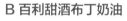

B3

加入鸡蛋液再次搅拌均匀。

B4

开大火加热，不停搅拌至液体变浓稠，冒大泡泡后快速搅拌几下后离火。

B5

布丁奶油糊过筛一遍。

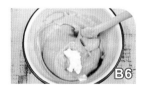

B6

加入无盐黄油和香草精搅拌均匀。

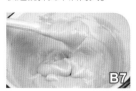

B7

将做好的布丁奶油放入裱花袋中，趁热使用。

C

在玻璃罐里放一层掰碎的咖啡酥饼，然后挤一层百利甜酒布丁奶油，再放一层酥饼，再挤一层奶油，顶层装饰酥饼和焦糖脆片即可。

柠檬百香果

酸味的强强联手，冲击你的味蕾

A 柠檬酥饼

原料

无盐黄油 85g
细砂糖 125g
新鲜柠檬汁 15ml
麦芽糖浆 8g
柠檬皮屑 1 个柠檬的量
中筋面粉 153g
盐 少许

准备工作： 烤箱预热
180℃，无盐黄油室温软化。

B 百香果酱

原料

百香果果肉和籽 600g
细砂糖 200g
麦芽糖浆 60g
蜂蜜 40g

C 浓郁百香果奶油

原料

淡奶油 250g
糖粉 15g
百香果酱 4g

无盐黄油加细砂糖打发至颜色变浅，呈蓬松的乳霜状。

新鲜柠檬汁和麦芽糖浆混合均匀，倒入黄油霜中搅拌均匀。

加入柠檬皮屑搅拌均匀。

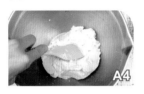

加入中筋面粉和盐拌匀成团。

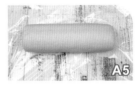

把面团搓成长 15cm 的圆柱体，用保鲜膜包好，冷冻一晚。

将冷冻好的面团切成 0.5cm 厚的片，摆在垫好油纸的烤盘上，冷冻 10 分钟。

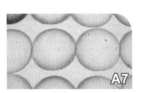

冷冻好后放入 180℃ 烤箱中烤 12~15 分钟，烤好后冷却即可。

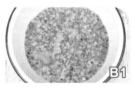

百香果洗净切开，取其果肉和籽放入盆中。

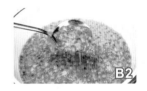

加入细砂糖、麦芽糖浆和蜂蜜拌匀。

盖上保鲜膜，放入冰箱冷藏 2 小时。

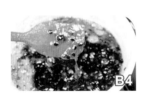

将冷藏好的百香果浆放入锅中，中小火熬，其间要不停搅拌，熬到水分减少，果肉黏稠有光泽即可。

放入密封罐中冷藏保存即可。

淡奶油加糖粉打发，加入百香果酱搅拌均匀即可。

在玻璃罐里先放一层柠檬酥饼，然后挤一层百香果奶油，再放一层百香果酱，再放酥饼、奶油、果酱，以此类推至满罐即可，冷藏 2 小时后食用更佳。

Part 8

咸味轻食潘多拉蜜罐

Part 8
恺撒大帝潘多拉
打开魔盒，感受希望的美味

原料

彩色叶生菜 50g

面包 1 片

培根 3 片

研磨黑胡椒 少许

熔化的无盐黄油 适量

丘比香甜沙拉酱 2 大勺

蒜泥 少许

柠檬汁 1 小勺

柠檬皮屑 少许

帕马森奶酪粉 少许

彩色叶生菜洗净控干水分。

面包切丁，淋上少许熔化的无盐黄油拌匀。

拌好的面包丁放入预热好200℃的烤箱中烤5~8分钟，至金黄焦脆即可。

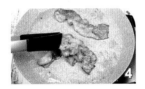

培根放平底锅中煎熟，并且变得皱皱的且比较干。

煎好的培根用厨房用纸吸去油脂，切小丁备用。

在丘比香甜沙拉酱里放入柠檬汁和柠檬皮屑搅拌均匀，亦可放少许蒜泥。

将彩色叶生菜加拌好的沙拉酱拌匀，放入玻璃罐中。

撒入烤好的面包丁和培根丁，放少许研磨黑胡椒和帕马森奶酪粉即可。

Part 8

鲜虾牛油果藜麦潘多拉

健康就是一切的代名词

原料

虾 5 只

牛油果 1 个

煮鸡蛋 2 个

三色藜麦 30g

混合沙拉菜 适量

橄榄油 30ml

丘比焙煎芝麻沙拉汁 适量

姜片 3 片

锅中放入水和三色藜麦，浸泡 2 小时。泡 2 小时口感更好，如不想泡那么久 30 分钟也可。

虾洗净，剪去虾须，挑出虾线。

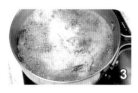

锅中放清水和 3 片姜，水开后放入虾煮熟。

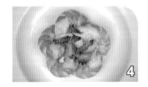

煮熟的虾捞出凉凉，然后剥除虾壳备用。

煮鸡蛋去壳切片备用。

泡好的三色藜麦大火煮 15~20 分钟。

煮好的三色藜麦捞出，控干水分，凉凉备用。

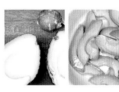

牛油果对半切开，核用刀砍一下即可轻松取出，果肉去皮切片，切好片的牛油果加橄榄油拌匀，防止氧化。

在玻璃罐底贴壁码牛油果片和鸡蛋片，然后塞入一半混合沙拉菜，再贴壁码上虾仁，继续放入混合沙拉菜至满，最上层放上三色藜麦、牛油果、鸡蛋和虾仁，食用时搭配丘比焙煎芝麻沙拉汁即可。

创新潘多拉
带来满足感的轻食

A 牛排

原料

牛里脊肉或菲力牛排 1 块
番茄 1 个
叶生菜 1 颗
橄榄油 1 大勺
无盐黄油 1 小块（约 10g）
研磨黑胡椒 适量
盐 少许

B 意大利油醋汁

原料

橄榄油 2 大勺
红酒醋 3 大勺
白洋葱末 1/6 个
细砂糖 1 大勺
盐 1 小勺
黑胡椒 少许

番茄和叶生菜洗净备用。

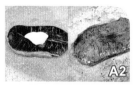

平底锅中放入橄榄油和菲力牛排，稍微煎出香味后放入无盐黄油，撒少许盐和研磨黑胡椒，煎至七成熟即可。

将煎好的牛排切成长条。

番茄切薄片。

白洋葱切细末。

白洋葱末中加入橄榄油、红酒醋、黑胡椒、细砂糖和盐，搅拌均匀成油醋汁。

玻璃罐底贴壁码一圈番茄片，然后放入叶生菜，最上面放上牛排条、番茄块等装饰，最后淋上油醋汁即可。

Part 8
日式家宴潘多拉
日式风味的断舍离

原料

土豆 3 个

苹果 1 个

鸡蛋 2 个

火腿 250g

研磨黑胡椒 适量

鲜柠檬 半个

丘比香甜沙拉酱 适量

鸡蛋大火煮熟，煮好后泡冰水降温备用。

土豆去皮洗净，切成小块，中火煮至土豆呈透明状，没有硬心即可，捞出过凉水后控干备用。

苹果去皮，切成跟土豆相同大小的块，放入碗里，挤入少许鲜柠檬汁，拌匀备用。柠檬皮打成屑备用。

鸡蛋去皮切碎备用。

火腿切成跟土豆相同大小的块备用。

沙拉盆里放入土豆块、苹果块、鸡蛋碎、火腿块，放入丘比香甜沙拉酱搅拌均匀。

拌好的沙拉放入玻璃罐中，撒上研磨黑胡椒和柠檬皮屑即可。

Part 8
墨西哥玉米片潘多拉
南美的莎莎风味，爆米花般的电影零食

原料

市售墨西哥玉米薄饼 5 片
番茄 3 个
紫洋葱 1 个
香菜 3 根
小酸柑 10 个
盐 2.5g
蜂蜜 5ml
辣椒籽汁 5ml

番茄、紫洋葱、香菜和小酸柑洗净。

墨西哥玉米薄饼切成 8 份大小相等的三角形。

用六成油温中小火炸成金黄色，捞出备用。

番茄去籽切成小丁。

紫洋葱一刀刀片开，不要切断，方便切成小丁。

香菜切碎。

将切好的番茄、紫洋葱、香菜放入盆中。

小酸柑对半切开，在 6 中挤入小酸柑汁，加入盐、蜂蜜、辣椒籽汁，拌匀。莎莎酱就做好了。

玻璃罐中放入炸好的玉米片，盛入拌好的莎莎酱即可。

Part 9

怪兽甜点 + 蜜罐饮品

森林莓果奶昔

仿如置身于浆果森林中的游乐园

原料

草莓 10 个

蓝莓 50g

树莓 50g

牛奶 150ml

香草冰淇淋 3 大球

香缇奶油 100g

装饰

白巧克力 50g

五彩麦圈麦片 少许

草莓脆 20g

草莓奇巧 2 块

鲜草莓 适量

草莓、蓝莓、树莓洗净控干水分。

取 2 个草莓切成片，然后放在玻璃罐底部一圈。

白巧克力微波熔化，装在裱花袋里。

熔化的白巧克力挤在玻璃罐口外侧，自然滴落，挤一圈。

趁巧克力还没凝固，粘上五彩麦圈麦片、草莓脆。

搅拌机里放入草莓、蓝莓、树莓、牛奶、香草冰淇淋，开机打成奶昔。

打好的奶昔盛入装饰好的玻璃罐中。

在奶昔上挤上香缇奶油，装饰五彩麦圈、草莓脆、草莓奇巧、鲜草莓即可。

Part 9
香蕉奥利奥奶昔
可以扭扭泡泡的超级饮品

原料

香蕉 2 根
香草奥利奥饼干 1 包
香草冰淇淋 3 大球
牛奶 100~150ml

装饰

香缇奶油、巧克力酱 适量
巧克力排 适量
百奇棒 适量
可可粉 适量
迷你奥利奥饼干 适量
香蕉片 适量

梅森杯口挤巧克力酱，让其自然流下。

香草奥利奥饼干扭开，粘在挤好巧克力酱的杯口，一圈。

破壁机中放入香蕉、3~5块香草奥利奥饼干、牛奶和 3 大球香草冰淇淋，打成奶昔。

将做好的奶昔倒进装饰好的梅森杯中。

挤上香缇奶油，装饰上香蕉片、迷你奥利奥饼干、巧克力排、百奇棒等，筛上可可粉即可。

Part 9

水果旁趣

众多水果共舞出的甘泉，巴厘岛海风的味道

原料

草莓 3 颗

橙子 半个

菠萝 1 片

芒果 半个

百香果 1 个

鲜薄荷 5 片

果缤纷饮料 250ml

苏打水 250ml

白朗姆酒 30ml

冰块 1 杯

装饰

杨桃 适量

草莓 适量

薄荷叶 适量

菠萝、芒果、橙子去皮切块，草莓去蒂切 4 瓣，百香果对半切开。

摇杯里放入百香果肉、撕碎的鲜薄荷，倒入白朗姆酒，加入冰块、果缤纷饮料，盖上盖子摇匀，没有摇杯可用玻璃罐，鸡尾酒制作完成。

玻璃杯中放入菠萝、芒果、橙子和草莓块。

倒入一半摇好的鸡尾酒，再放入冰块。

最后倒入苏打水即可。按自己喜好用杨桃、草莓、薄荷叶等装饰杯口。

Part 9
疯狂巧克力
徜徉在查理巧克力工厂的巧克力湖中

原料

牛奶巧克力 40g

牛奶 250ml

可可粉 5g

细砂糖 5g

装饰

焦糖酱 适量

混合巧克力脆珠 适量

市售椒盐脆饼 适量

巧克力排 适量

市售棉花糖 适量

椒盐饼干棒 适量

牛奶巧克力切碎。

可可粉和细砂糖混合均匀。

牛奶巧克力碎加入到牛奶中，中火加热，边加热边搅拌至巧克力熔化。

关火加入混合的可可粉，搅拌均匀后开小火继续煮至微沸，关火凉凉备用。

玻璃罐瓶口沾满焦糖酱，沾满焦糖酱的玻璃罐在巧克力脆珠里滚动，直到脆珠沾满杯口，在脆珠上沾上椒盐脆饼。

凉至体温的巧克力奶倒入装饰好的玻璃罐中。

巧克力排用刨刀刨成巧克力花。

在巧克力奶中放上棉花糖和巧克力花等装饰即可，也可用椒盐饼干棒把棉花糖串起来放在杯口装饰。

Part 10

免搅拌机意式冰淇淋蛋糕蜜罐

Part 10
意式浓缩咖啡冰淇淋蛋糕
来自意大利的口味碰撞

原料

意式咖啡豆 25g

淡奶 125ml

咖啡蜜酒 20ml

香草精 2.5ml

柠檬汁 2.5ml

盐 少许

炼乳 165g

淡奶油 250ml

市售巧克力威化饼干 1 包

意式咖啡豆用研磨机研磨成粉，选择粗研磨。

锅中放入粗研磨的咖啡粉和淡奶，煮开后关火，静置冷却。

冷却的咖啡淡奶用细纱布过滤掉咖啡渣。

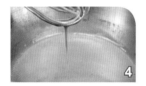

搅拌盆中加入咖啡淡奶、咖啡蜜酒、香草精、盐、炼乳和柠檬汁搅拌均匀。

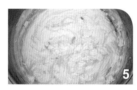

淡奶油打至八分发。

打发的淡奶油分次加入到咖啡混合液中翻拌均匀。

在按自己的喜好码放好市售巧克力威化饼干，然后倒入混合好的咖啡冰淇淋浆。

用保鲜膜贴冰淇淋面封好，冷冻一夜。

Part 10
巧克力莓子冰淇淋蛋糕
冰冰凉凉的丝滑，融化在舌尖

A 莓子蛋糕

原料

低筋面粉 100g

树莓粉 10g

泡打粉 1g

细砂糖 65g

盐 1g

无盐黄油 70g

牛奶 75ml

鸡蛋 1 个

希腊式酸奶 15g

莓子果酱 40g

准备工作： 无盐黄油室温软化，烤箱预热 160℃。

B 巧克力冰淇淋

原料

黑巧克力 50g

牛奶巧克力 35g

牛奶 125ml

香草精 5ml

炼乳 185g

可可粉 7.5g

柠檬汁 7.5ml

盐 少许

淡奶油 250ml

低筋面粉、树莓粉、泡打粉、细砂糖、盐放在搅拌盆里，混合均匀。

加入无盐黄油搅拌成酥粒状。

牛奶中加入鸡蛋、希腊式酸奶搅拌均匀。

牛奶鸡蛋混合液倒入 A2 中，边倒边搅拌至充分混合均匀。

加入莓子果酱混合均匀即可。

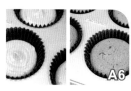

放入烤模中，烤箱 160℃烤 20 分钟，烤好后冷却备用。

黑巧克力、牛奶巧克力加入牛奶，隔水熔化混合均匀，放置一旁至冷却。

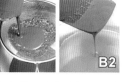

冷却的巧克力中加入香草精、炼乳、可可粉、柠檬汁、盐搅拌均匀，过筛一遍。

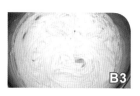

淡奶油打至八分发。

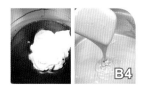

打发的淡奶油分次加入到巧克力糊中翻拌均匀。

烤好的莓子蛋糕片成厚片。

玻璃罐中放一片蛋糕，然后放入一层巧克力冰淇淋糊，再轻轻放一层蛋糕，再放一层冰淇淋糊。

用保鲜膜贴住冰淇淋糊面封好，冷冻一晚。

图书在版编目（CIP）数据

百变蜜罐甜点 / 大妮儿妮儿著 . — 沈阳：辽宁科
学技术出版社, 2019.5
　　ISBN 978-7-5591-1163-0

　　Ⅰ . ①百… Ⅱ . ①大… Ⅲ . ①甜食 - 制作 Ⅳ .
①TS972.134

中国版本图书馆 CIP 数据核字 (2019) 第 075163 号

出版发行：辽宁科学技术出版社
　　　　　　（地址：沈阳市和平区十一纬路 25 号　邮编：110003）
印　刷　者：辽宁新华印务有限公司
经　销　者：各地新华书店
幅面尺寸：185mm×260mm
印　　张：8.5
字　　数：170 千字
出版时间：2019 年 5 月第 1 版
印刷时间：2019 年 5 月第 1 次印刷
责任编辑：卢山秀
封面设计：魔杰设计
版式设计：鼎籍文化创意　李英辉
责任校对：尹　昭　王春茹

书号：ISBN978-7-5591-1163-0
定价：49.80 元

联系电话：024-23284740
邮购热线：024-23284502

扫一扫美食编辑

投稿与广告合作等一切事务
请联系美食编辑——卢山秀
联系电话：024-23284740
联系QQ：1449110151